青少年情绪探索系列②

写出来

缓解焦虑的创意手账

感觉

好多了

[美] 丽萨·M.萨伯（Lisa M. Schab）著

曹慧 译　祝卓宏 审校

机械工业出版社

CHINA MACHINE PRESS

本书针对青少年常见的焦虑和压力感受，为他们设计了一系列轻松且富有创意的互动。这些互动以坚实的心理学研究为基础，将认知行为疗法、辩证行为疗法等科学的方法以充满趣味的方式进行组织和呈现。本书设计新颖，互动性强，符合青少年的认知水平和表达喜好，可以很好地帮助青少年在书写和涂鸦的同时，掌握一些情绪调试的技巧和方法，进一步认识自我、释放焦虑情绪和压力感受，是一套广受治疗师好评的、方便易用的青少年心理自助手册。

北京市版权局著作权合同登记　图字：01-2023-5619 号。

图书在版编目（CIP）数据

写出来感觉好多了. 2，缓解焦虑的创意手账 /（美）丽萨·M. 萨伯（Lisa M. Schab）著；曹慧译. -- 北京：机械工业出版社，2024.6. --（青少年情绪探索系列）.

ISBN 978-7-111-75712-2

Ⅰ. B842.6-49

中国国家版本馆CIP数据核字第20242V63B4号

机械工业出版社（北京市百万庄大街22号　邮政编码100037）
策划编辑：刘文蕾　　　　　　责任编辑：刘文蕾　陈　伟
责任校对：曹若菲　陈　越　　责任印制：任维东
北京瑞禾彩色印刷有限公司印刷
2024年8月第1版第1次印刷
145mm × 210mm · 6.625印张 · 72千字
标准书号：ISBN 978-7-111-75712-2
定价：99.00元（共2册）

电话服务　　　　　　　　　网络服务
客服电话：010-88361066　　机 工 官 网：www.cmpbook.com
　　　　　010-88379833　　机 工 官 博：weibo.com/cmp1952
　　　　　010-68326294　　金 书 网：www.golden-book.com
封底无防伪标均为盗版　　　机工教育服务网：www.cmpedu.com

致 L.P.P.

一位使用本书自救的女孩

和 L.P.N.

她给予了自己改变的机会

对本书的赞誉

丽莎·M.萨伯具有与青少年沟通的天赋，她再次证明了自己的专业能力。这本创意手账为青少年提供了大量提示，帮助他们识别焦虑的想法，改变无益的思维模式，学习管理焦虑的新技能。虽然这本手账原本是为青少年设计的，但作为一名36岁的成年人，我同样发现它既有趣又有帮助！

> ——梅根·赛尔，心理咨询师，执业青少年心理治疗师，饮食失调认证治疗专家，性别治疗师

在本书中，丽莎·M.萨伯帮助青少年通过艺术、诗歌、音乐和写作来调动自己的感官，并创造性地发展出个性化的焦虑管理技能。萨伯的方法基于大量的心理治疗实践，巧妙地为青少年创造了一个空间，让他们能够基于书中的一些提示进行自我调节。更棒的是，每位青少年都会在主动参与的过程中，将这本书变成他们关于平静思绪、舒缓身体和控制焦虑行为的最佳创意集。从现在开始，就不会再有"找不到一本支持青少年的好手册"的烦恼了！

> ——玛丽亚·韦伦伯格，心理学博士，为专业人士服务的焦虑症教练，《焦虑症10种最佳管理技巧》和《治疗焦虑症的绝招》作者

本书提供了一系列有价值的、有趣的、富有创意且简单的活动，这些活动可以帮助青少年进入当下，缓解他们焦虑的感受。

——珍妮弗·香农，婚姻与家庭治疗师，畅销书《青少年焦虑生存指南》和《青少年害羞与社交焦虑实践手册》的作者

这是一本从头到尾都很吸引人的实用手册。它鼓励读者根据各种友好的提示进行涂鸦、写作和思考，是一本适合任何焦虑症患者的图书，它传递着保持快乐与安宁的方法。

——杰西卡·伯克哈特，《我心中的生活》一书的主编

若想要改变一种行为，必须拥有改变的意愿和技巧。丽莎·M.萨伯在本书中通过一种自我引导的方式，为青少年提供了一个改变焦虑行为的途径。这本书是一个增强青少年能力的工具，让他们掌握克服焦虑的技能。与其让"专家"来告诉你应该有什么感觉，不如使用书中的每一页来了解自己的感受，从而控制自己的情绪，摆脱焦虑。这本书是你掌控生活的第一步。

——汤姆·沃森，犹他州立大学兼职教授，《破碎心灵的疗愈》一书的主编

本书是送给充满焦虑、压力过大的青少年的最佳礼物。它借助轻松愉快的提示语，温和地引导青少年采取各种减少焦虑的策略。青少年可以根据自己的需要灵活使用本书。相信这本书是激励焦虑青少年积极改变的灵感之源！

——希拉·阿查尔·约瑟夫斯，博士，儿童与青少年焦虑症管理顾问，《帮助焦虑的青少年》一书的作者

实用、有效，最重要的是有趣。本书将会为你提供几十种方法，让你通过自己的力量——你的创造力来控制焦虑。

——克里斯托弗·威勒，哈佛医学院心理学博士，《焦虑青少年正念手册》和《成长中的正念》的作者

我希望我在青春期时就拥有这本书。这本书充满了适合当下青少年的实用活动，为他们创造了一个个性化的安全表达空间，让他们感到安宁。无论是否身处焦虑，每一个青少年都可以使用这本书，我也会向我的来访者推荐这本书。

——丽莎·K.戴蒙，护理学博士，科罗拉多大学安舒茨医学院护理系助理教授，"正念与减压日记疗法"工作坊开发者，家庭护理注册护士

这是一本充满力量、引人入胜、使用方便的创意图书，旨在帮助与焦虑作斗争的青少年识别导致压力和不适的诱因，学习有效的自我安慰和应对技巧，并将精力转向建立健康的自尊。

——乔恩·梅罗，注册社工，从事儿童、青少年和成人心理治疗的个人执业心理咨询师

这本创意手账鼓励青少年探索自己的焦虑，并找出应对焦虑的策略。通过创意写作和绘画练习，读者可以找到导致焦虑的思维方式和想法。本书中的创意练习既引人入胜，又与我在其他相关书籍中看到的练习不同。同时，这些练习都参考了专业的、以实证为基础的治疗方法。这些方法通常用于帮助青少年从焦虑状态转变为放松和平静的状态。这本书非常适合正在寻找更有创意的方法来应对焦虑和烦恼的青少年。

——马丁·M. 安东尼，瑞尔森大学心理学系教授，《害羞与社交焦虑实践手册》《抗焦虑实践手册》《牛津焦虑及相关障碍手册》等多部著作的作者、合著者和主编

专家推荐

　　焦虑、抑郁已经成为中国青少年常见的心理问题。很多家长、老师、学生似乎"谈虎色变"，把焦虑、抑郁情绪当作恐惧的对象，总想用药物或心理治疗消除它们。然而，这些消除、堵塞、控制的策略往往会失败，甚至适得其反。只有面对、接纳、疏导、转化这些情绪才能促进青少年的成长。这套书基于科学循证的方法，能够有效帮助青少年接纳、转化情绪，促进他们健康幸福地成长，是广大青少年心理成长的伙伴。

——中国科学院心理研究所教授　祝卓宏

　　作为一位专业且经验丰富的心理咨询师，本书的作者把基于心理学的情绪调节策略和工具，用一种充满画面感的方式呈现给青少年，让青少年在轻松愉快的阅读过程中学会管理和调整自己的情绪，为处于困境中的他们提供了实用的自助技巧和心理健康资源。

——北京大学心理与认知科学院研究员、

博士生导师　臧寅垠

　　青少年的身心处在快速发育阶段，情绪调节能力是一项重要且关键的发展任务。这套书既可作为青少年学习情绪调节的"宝典"，也可以成为记录他们与自己情绪对话的"自传"。我作为成年人和心理治疗师，也会被书中那些既有创意又有科学依据的情绪调节自助练习深深吸引。

——海德堡大学医学心理学博士、家庭治疗师　史靖宇

情绪调节能力是我们每一个人的必修课。对于处于"情感狂飙期"的青少年来说，越早学会正确地释放压力、缓解焦虑，越能从中受益，并且由此更加成熟与理性，为迈向人生新阶段做好准备。本书分享了一些忍不住想试一试的小方法，不妨用起来，看看有什么新的发现，也许你的情绪探索之旅由此展开。

——新东方家庭教育研究与指导中心副主任　应光

青春期是生命中充满活力的一段旅程，但也伴随着许多挑战。情绪的涨落让人兴奋，也让人困扰。借助这套科学有用且轻松可爱的手账，你可以与自己的情绪对话。坏情绪不仅仅是一种糟糕的体验，它还蕴藏着许多关于你自己的珍贵秘密。带着好奇心，来和情绪做朋友吧！

——暂停实验室研究员　张雷雷

伴随着长大，我们会体会到很多不同的情绪。其实，每一种情绪都有其意义，可以说，情绪是我们内心感受的"信使"。因此，我们不妨用书中好玩的方法与自己的情绪对话，看看它到底想告诉我们什么。

——IMO 国际数学奥赛满分金牌得主、

心理服务公益项目创始人　柳智宇

译者序

青少年朋友，你好呀！

这是一套帮助你疏导情绪的创意互动图书，也是一份充满亲朋好友关爱的小礼物！如果他们送给你这套书，是因为他们爱你，希望你能在面对情绪时游刃有余，能于玩乐中、探索中获得应对情绪风暴的能力。他们明白在情绪中挣扎的痛苦，所以希望能够帮助你提升与情绪相处的能力。

我们认真翻译了这套书，出版社也进行了精心设计，是因为这套书兼具科学性、趣味性和实用性，对大朋友和小朋友都完全适用，值得被更多人看见和使用。

科学性

这套书的作者是丽萨·M.萨伯（Lisa M. Schab），一位美国资深的临床心理咨询师。她出版了多本儿童与青少年心理自助图书。这套书是她基于大量青少年咨询案例设计的，融合了认知行为疗法、辩证行为疗法、体验疗法以及正念和表达性书写等技术（不用担心这些学术名词，知道这套书有科学依据就行啦），获得了众多青少年和咨询师的好评，可以有效帮助你缓解焦虑和压力。如果你想要探索自己与情绪的相处之道，选择这套书就对啦！

趣味性

整套书根据青少年阅读和书写的喜好进行设计，既没有呆板无趣的目录，也没有絮絮叨叨的大道理，更没有高高在上的专家建议。通过好玩的情境以及大量的互动，比如写一封身体给你的感谢信、创建一个能帮你减压的歌曲列表、绘制一座平和花园、给你的焦虑写一封分手信等小练习，以及适量的留白和简洁的视觉图示，从而充分调动你书写、涂鸦和玩耍的兴趣。更重要的是，这些小活动都是开放性的，没有好坏对错的标准，能帮你打开感官，切实地舒缓不良感受和情绪，打造一个只属于你自己的"安全表达基地"。请放心，它是和你站在一边的！

实用性

这套书包含两册，主题分别是"释放压力"和"缓解焦虑"。当你有强烈的消极情绪时，可以使用前一本；如果你感到焦虑或害怕，后一本可能更有针对性。每册里面包含了100个创意性、卷入性极强的趣味小活动，蕴藏着很多心理疏导的技巧和方法，鼓励你通过书写、涂画、想象、裁剪、粘贴等，外化自己的情绪和感受，让它们更具体、更易于掌控，从而增强你对自己情绪和感受的理解。你可以翻开其中任何一页进行探索，也可以按照顺序练习，还可以在练习之后标出行之有效的活动，然后反复尝试。

在这个过程中，永远要记得：

不需要时时评判自己的表现，按照自己的想法去做就是了。

不管出现什么样的情绪，都值得好好接纳和体验。

你是自己情绪的主人，你可以处理自己的负面情绪和感受。

当你使用这套书时，可以随时加入自己的新想法。

总之，这套书现在完全属于你，怎么使用它，你说了算！

最后，请记住：

与情绪相处是一种你可以习得的能力，练习带来进步。

祝你与情绪一起，玩得开心、相处愉快！

从这里开始

首先，我们需要了解一些关于焦虑的知识：

1. **焦虑很常见**（这意味着你并不是唯一拥有这种感觉的人）。

青少年感到焦虑是正常的：

学校	时间不够	外貌形象
朋友	伤心	爱
家长	安全	分数
同伴压力	家庭问题	性别问题
外表	家庭作业	情感
约会	身材	性
愤怒	应对压力	未来
关系	成就	别人怎么看你
考试	期望	健康
药物和酒精		以及更多……

（圈出引发你焦虑的因素。）

事实上，焦虑是最常见的情绪问题。

2. **焦虑真的可以治愈**。不要让焦虑掌控了你的生活！有很多方法可以控制焦虑，而且普通青少年也能做到。

2

3. **大脑的焦虑习惯是可以改变的。** 每当你选择让自己平和的想法而不是焦虑的想法时，你大脑中的平和回路就会更加强大，而焦虑回路就会更弱。即使你身处让人难以安定的环境中，只要你想象自己处于平和的状态中，就能帮助你的大脑发生这种变化（本书将为你提供大量的练习方法）。

你有这些常见的焦虑症状吗？
圈出你希望通过使用本书减少的症状：

忧虑	难以呼吸	解离*
出汗	低能量	疲惫
寒战	难以专注	胸痛
心跳加速	表达困难	打呵欠
脸红	心口沉重	咳嗽
眩晕	消化不良	喘息
站不稳	胸闷	或者 ——
恶心	头痛	
肌肉紧张	有崩溃感	
担心	强烈不安	
心怦怦跳		
头昏脑涨		
睡眠不佳		
打嗝		

---

* 解离，指的是一种主观感受，即个体感到自己与外部世界、他人或自身的情感、思维等方面的联系减弱或丧失。——译者注

然后，我们来看一下这本书的使用方法：

* **它充满了"提示"和活动建议，** 可以帮助你释放焦虑，并立即开始改变你的大脑运行模式。

* **以你自己的方式去尝试。** 你可以按照提示和建议的方式来做，也可以选择那些会让自己感受更好的方式（例如，如果书里没有让你"在页面边缘画星星"，你还是可以在页面边缘画星星。或者如果书里的建议是让你涂色，你完全可以换成写写画画）。如果书里提供的指导多了或少了，你可以随心所欲，按你的喜好进行回应。请随意地使用订书机、胶水、剪纸、绘画，或者添加来自你生活中的纪念品和象征物。此外，你可以按照这些提示出现的顺序进行探索，也可以按照你喜欢的任何顺序来进行探索。✳ 以让你感受平和宁静为准。✳

* **这不是语言课。** 你可以使用正确的标点，把字写对，组织优美的语句，但这不是必需的。

* **这不是艺术课。** 提示中的"画出"只是意味着使用线条和形状在纸上表达一些什么——随便你做成什么样，不必在意自己是否擅长绘画。

> **重要提示：**
>
> 本书的目的是帮助你缓解焦虑。如果某个提示引发了你的焦虑，只需注意到这一点，然后换一页即可。你可能会，也可能不会，在未来的某个时间再试一次。这由你决定。

* 如果你很喜欢某个提示，你可以再来一次，或者想玩多少次就玩多少次。如果需要，请自行加页。

* 在这里没有错误的答案。我们的目标只是释放你的焦虑，或将你的心境从焦虑转为平和与宁静。因此，你的感受比你的作品更重要。尽量不要评判你写下来的内容。

* 如果上述某个或某些想法能让你感到平静，请用圆圈、星号、对号、下划线、涂色或其他方式标出它们。

* 如果其中任何一项引发了你的焦虑，试着在这个空间里发泄出来：

* 为本书的使用添加你自己的指导原则：

在每个字母后面写一个能让你感到平和、积极或
快乐的想法。每写下一个，就深呼吸一次。

A

B

C

D

E

F

G

H

I

J

K

L

M

N

O

P

Q

R

S

T

U

V

W

X

Y

Z

将你的 焦虑 想法写在这两页里。

用胶带封住它们！

在这里贴上或画出你 喜欢的 一个宁静之地。

闭上眼睛，
想象自己现在就在那里。

这是你的
无焦虑区。

这里面有什么？

13

"焦虑是你森林中的一棵小树。退后一步，看看整座森林。"

——佚名

剪下需要的词汇并随身携带。

自在

从容不迫

宁静

放松

放下

慢下来

冷静

静心

整理

呼吸

平和

休息

暂停

安宁

轻松

释放

舒展

解脱

沉默

安静

喝一杯温暖不刺激的饮料。

代表你的身体，给你写一封感谢信。

亲爱的 ———————— ：

爱你的身体

"吸气，我很平静。"

用下面的方式书写上面这两句话：

只用一笔

闭眼

从后往前

用另一种语言

尽可能大

尽可能小

粗体字

间　距　放　大

字间不留空

笔触放轻

笔触加重

向后倾斜

向前倾斜

模仿小孩的笔迹

用外星文写

"呼气，我很安宁。"

创建一个能帮助你减压的歌曲播放列表。

在这里写下其中最棒的歌词。

21

平静地呼吸……

22

并随意地连线。

23

如果你有一个背包，里面装满了帮助你

保持冷静所需要的一切。

里面
会装有什么？

写下今天所有正在顺利进行的事情。
（包括一切正常运转的事，比如：你醒了吗？
你能呼吸吗？）

! --

! --

! --

! --

! --

! --

! --

!

绘制一座平和花园。

28

{ 你的身体
有些什么反应? }

焦虑急救

1. 用凉水拍拍你的小臂。

2. **紧紧拥抱**自己。

3. 用你的手指尖在膝盖上方轻柔地、**缓慢地画圆圈**。

4.

5.

6.

7.

8.

9.

10.

添加更多想法。

用抱

慢慢画圈

流水

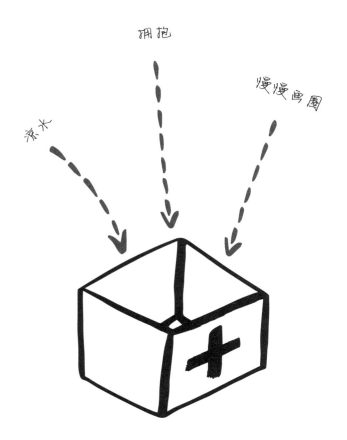

列出最让你感到焦虑的 三件事 。

1.

2.

3.

选一件在下面具体写一写，
直到无话可写为止。

合上本书
并
继续前进。

33

设计你自己的

焦虑释放开关。

慢慢数到三，

打开开关。

我感谢的：

人

地方

36

事物

与你的焦虑分手。

亲爱的焦虑:

给它写一封分手信。

创作一幅拼贴画，
使用任何让你感到平静的东西。

现在就开始吧！

"闭上眼睛，
我能随时随地
感受到平和与
安宁。"

——玛丽·马多斯

在下面的方格中,
写下一个焦虑的想法。

剪下来,用胶带粘在鞋底。

将它踩在脚下,直到磨掉。

让这一页充满宁静的色彩。

设计一个
让你感到平稳、
有力量感的图样。

你会把它放在哪里？

你曾经最棒

在这里重现那一天或创造那一天吧。

的一天。

你的焦虑又给你发消息了。

写下你的回复，并提醒它："我才是老大。"

51

让你信任的人轻轻按摩你的后背。

写下你的身体、内心和精神会有什么感受。

在这里开始收集……

有趣的台词　　　　　　　　笑话

　　　　　搞笑图片

　　金句

　　　　　　　　　段子

　　　　　　　　　　　　喜剧链接

或其他任何能让你笑出声来的东西。

宇宙在向你说一些能让你
平静下来的话语。

它在说什么？

你和你的焦虑有什么不同？

你

你的焦虑

找到一两张能
让你微笑的照片，
把它们贴在这里。

在其周围进行装饰。

你正在照看一个焦虑的孩子。

请写一个故事，可以是真实的，也可以是虚构的，一个能够安抚他、帮助他入睡的故事。

_____

_____

_____

_____

_____

_____

_____

_____

_____

_____

_____

_____

_____

_____

大声肯定地说出下面这句话，在心中坚信它，
在身体中感受它。

"我是地球上

最平和的人。”

你有什么样的体验?

用"绝不""总是""所有人"或"没人"
等词语写出你的焦虑想法。

总是

没人

绝不

所有人

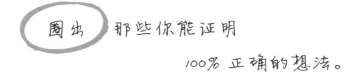圈出 那些你能证明

100% 正确的想法。

到户外走一走。

在这里保留一些来自大自然的东西。

你解雇了你的焦虑，从今天起生效。
写一封解雇信给它。

（盒子里有什么？ 当焦虑离开你的
身体和心灵时，它会带走什么？ ）

画出并描述能让你从焦虑走向平和的桥梁。

焦虑

当下的细节：

今天的日期：

　　　　　　　　　　时间：

季节：

你听到的两种声音：
1.
2.

嘴里的味道：

你看到的六种事物:

1.

2.

3.   天气:

4.

5.

6.

身体感受到的感觉:

空气中的任何香味:

能让你微笑的东西:

75

画出你的大脑轮廓。
把平和的话语和想法放进去。

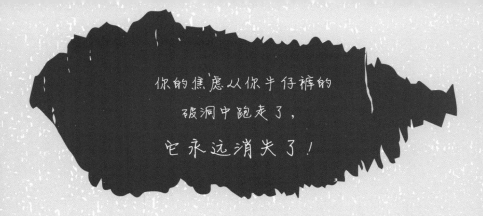

你的焦虑从你牛仔裤的

破洞中跑走了，

它永远消失了！

现在你的生活是什么样的？

你会是什么样的?

有人说……

"一切都有理由。"

"一切都会过去。"

"今天的痛苦是明天的力量。"

哪些话语对你有帮助？

写下你的最爱……或自己创造一些这样的话语。

"勇敢的人不是不会感到恐惧的人，而是战胜恐惧的人。"

——纳尔逊·曼德拉

哪些想法让你身陷焦虑的牢笼?
把它们写在铁栏杆上。
然后撕碎它们,挣脱束缚。

84

画一朵平和的云，

让它飘浮在空中，

在里面写下你的名字。

你是平和磁铁。

你会吸引什么过来?

你会怎样帮助你的朋友平静下来？

现在就对自己这样做吧。

此时，你的大脑里

分别在"事实"和"感受"栏下把
它们记录下来。

事实： 无论如何都能被证明是真实和
正确的陈述（"我是人类"）。

飘浮着哪些焦虑的想法？

感受：　也许你觉得非常真实，但实际上是某种观点，可能会引起争议（"我是个糟糕的艺术家"）。

装饰夜空。

然后，一边数数，一边呼吸。

每数一个数，触摸一颗星星。

吸气，1，2；

呼气，1，2。

吸气，1，2；呼气，1，2，3，4。

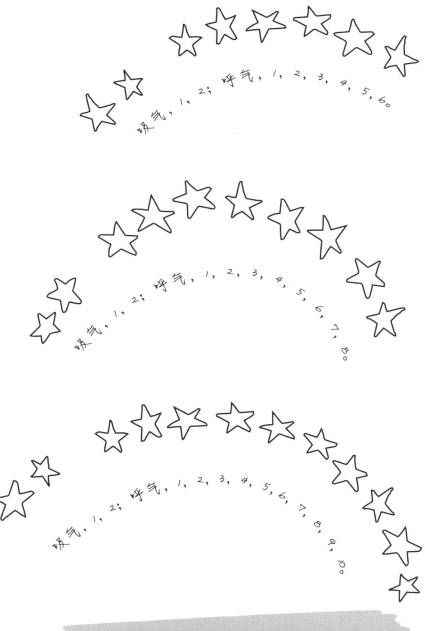

吸气，1，2；呼气，1，2，3，4，5，6。

吸气，1，2；呼气，1，2，3，4，5，6，7，8。

吸气，1，2；呼气，1，2，3，4，5，6，7，8，9，10。

重复进行，直到感觉放松为止。

描述发生在你身上的

最棒的五件事。

1.

2.

3.

4.

5.

清理你心灵中的
焦虑壁橱。

把你不想要的想法
放进垃圾箱，
然后在它们上面涂色，
直到看不见为止。

你的超能力是冷静。

作为超级英雄，你的名字：

_____

_____

作为超级英雄，你的样子：

作为超级英雄，你如何战胜焦虑：

你害怕大声说出什么？

画出一个安全空间，把它们写在里面。

深吸一口气。

画一画平和。

想怎么画就怎么画。

请你信任的人给你写一封安
慰你的信。

抄在这里或粘在这里。

圈出能带给你平静的词语：

沙子	数字	早晨	白雪
水	睡着	湖	游戏
春天	黑暗	一起	傍晚
秋天	海洋	清凉	夏日
温暖	光	独处	沙漠
冬季	字母	艺术品	森林

使用其中的一些词语——或其他词语——
创作文字、图片或诗句。

花五分钟
平静地
注视着某种
让你感到平和的东西。

当你的心神游离开时，
微笑，
并轻轻地
把它带回来。

‖‖‖‖‖‖ 之后，把分神的念头写下来或画下来。

"吃大象时，要一口一口地吃。"

——克莱顿·艾布拉姆斯

是什么事情压倒了你?

将其分解为更小的步骤, 并把它们写在图形中。

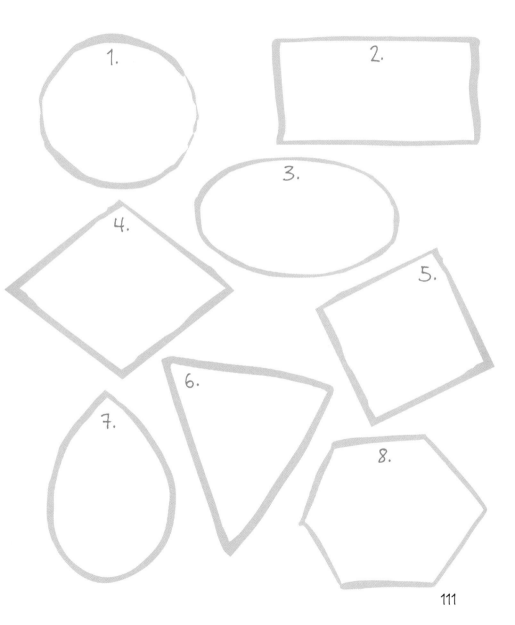

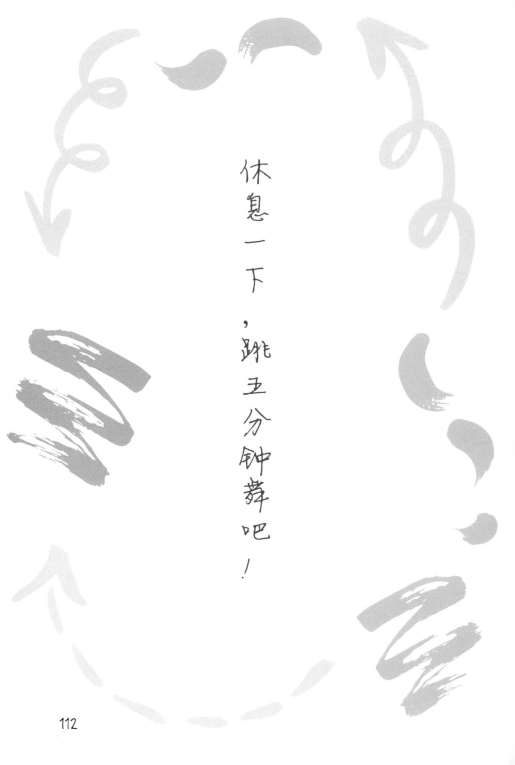

休息一下，跳五分钟舞吧！

现在感觉如何？

我无法改变的事情

（我接受它们，随它们去吧！）

我可以改变的事情
（我有勇气尝试！）

你希望每天都能在窗外欣赏到

怎样的让人放松的景色呢？

找出那些让你感到内疚或对自己
过于苛刻的"应该"想法。然后
带着关爱和慈悲写下它们。

我应该……

在这里描画你的脚趾。
给每根脚趾取一个名字。

左脚

给它们画上笑脸、帽子、
领结，或者其他装饰。

平静地呼吸……
舒适的椅子……
在烛光下书写。

"我稳重又坚强。"

"我很好。"

"我心如止水，平静安宁。"

静静地呼吸，为
你的心灵和身体
写下更多让你平
静的肯定语句。

为 "宁静之地"

设计汽车牌照。

包括该地的宣传口号。

你在和你的焦虑吵架，你赢了。

你走在细雨中，
它冲洗掉了你所有的焦虑。

你还剩下什么？

"一直都很害怕，怕得要命。但我绝不让它阻碍我。绝不！"

——乔治亚·欧姬芙

列出你的焦虑想法。

_____

_____

_____

_____

_____

_____

_____

_____

_____

_____

_____

_____

_____

_____

_____

_____

然后撕下这一页，并将其撕碎。

本页留白。

深吸一口气。

体会自己的存在。

把你的"安宁之家"放到这里。
画出来或贴图片。

你的房间会是什么样的?
住在这里会是什么感觉?

在每个
方格中
写下

那些使你
感到

安定、积极、
冷静的东西。

你的焦虑正在一辆开向虚无之地的公
共汽车上。座位上來坐着哪些想法?

看着这辆车从你身边开走，
一去不复返。

穿什么会让你感觉舒适和放松？

穿上让你感到舒适的衣服，

用任何让你感到舒服的方式填满本页。

哪些人是你认识的人中
最为淡定自若的人?

把他们的照片放在这里。

他们是什么样的？

* _____
_____

* _____
_____

* _____
_____

* _____
_____

* _____
_____

* _____
_____

* _____
_____

* _____

145

使用线条、形状和纹理，
来消除你的焦虑。

填满本页。

想象你是世界上最好的父母，
你将如何照顾现在的自己？

开始这样做吧！

当你身处水中、浮在水面或

寻找水面下

在水边凝视水面时书写。

的宁静。

画出

　　飘舞的

　　　羽毛

或在这两页上用胶带粘贴真正的羽毛。

用平和的文字、图像和色
彩来填充和修饰它们。

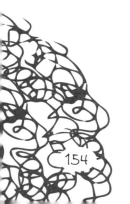

在本页上做一些
滑稽或荒谬的事情。

154

没有任何规则，
只要它能让你笑出来！

给那些带给你平静的词语
添加文字或图片……

> 高山平湖

> 幽静森林

> 绚烂晚霞

大海波涛

黎明曙光

绿色草原

还有……

你心中的语音邮箱充满了
来自自己和他人的

焦虑信息。

列出你想要删除的信息。

1. _____
   _____
   _____

2. _____
   _____
   _____

3. _____
   _____
   _____

4. _____
   _____
   _____

5.

6.

7.

8.

9.

动手删除它们吧。

"你无法阻挡海浪，但你可以学习如何冲浪。"

——乔·卡巴金

滴一滴香草精油
或薰衣草精油
或其他镇静精油，
让它浸透过本页。

吸气……呼气。

如果你从不会感到焦虑，
你现在会做些什么？

现在，合上书，照做。

163

让身体安静下来。

呼吸。

理清思绪。

倾听。

静下来。

感知。

你注意到了什么?

在这两页纸上，把你的恐惧变成小小的文字或小小的图片，从而掌控你大大的恐惧。

把更大的东西贴在它们上面。

播放能让你放松的音乐。

边听音乐，边在本页涂鸦。

带着本书去你感到
舒适和安全的某个地方。

这个地方好在哪里?

温暖的连帽衫。

蓬松的毛绒玩具。

软软的狗耳朵。

羊毛毯子。

什么东西能在你触摸它时，

让你平静？

在这里放一张照片。

列出你不会感到焦虑或很少焦虑的场景。

* _____

_____

_____

* _____

_____

_____

* _____

_____

_____

* _____

_____

_____

* _____

_____

_____

* _____

_____

_____

* _____

_____

_____

* _____

_____

_____

* _____

_____

_____

* _____

_____

在脑海中和身体里重新回顾其中一个或多个场景。

放一些飞鸟的图片在这里。

在每张图片上写下一个焦虑的想法。

让它们飞走。

闭上
眼睛

安定地
呼吸

想象一束
柔软的、
温暖的、
金色的
光，
轻盈地
照进
你的
整个
身体，
从
头顶到
脚趾。

画出平和从容的自己。

现在是清晨，

引出你给大脑输入的想法，让你一整天都心平气和。

找个游乐场

攀爬、荡秋千、滑滑梯，
或做任何能让你
释放焦虑的事情，
然后填满这两页纸。

这个水晶球里现了你开始以后的未来。

用以今天开始
会变好的一切
来装满它。

185

接下来做什么？

当你完成了所有你想完成的提示后，看看你现在得到了什么：

一整本充满了你自我"赋能"（变得更强大、更自信的过程）的图书。你刚刚创造了一个物理上的象征，证明你有管理焦虑的能力。这本书展示了你不是受害者，你有自己的选择，你可以影响自己身体的紧张程度和进入脑海的想法。你不会永远陷在焦虑之中。

这本书现在是一个宝贵的工具。它是"你有力量"的具体体现，里面充满了帮助你释放焦虑的方法。而且，你可以继续用它来做到这一点。你可能想把它放在背包里、床底下或其他容易拿到的地方，以便在你需要的时候可以拿出它。你还可以尝试接下来这些想法……

当你感到焦虑时，翻阅这本书，以任何你感觉良好的方式，在任何地方添加安宁平和的颜色、文字或图案。

包括这一页。

复印或照下让你感觉最平静或最有力量的页面。把它们贴在或保存在你的镜子上、储物柜里、手机上，或任何你能看到的地方，从而获得灵感。

在此写下你最喜欢的三个页面：

1.

2.

3.

列出对你

能有所帮助的提示：

放松我的身体。

提醒自己

"我比焦虑

更强大"。

提升我的平静程度。

让我微笑。

把我的想法从
焦虑上转移开。

制作一款安定平和的比萨。

翻阅本书，选择你想要当作
配料的文字和图像。
在这款比萨面饼上
重现它们。

在此写下你自己的提示：

请家长、专业人士及其他照顾焦虑青少年的人注意:

焦虑是一种由情景或生理因素引起的心理或身体上的不安或紧张感,并伴随担忧或恐惧的想法。

本书提供了 100 个专门设计的趣味互动,旨在帮助青少年在每个当下管理和释放焦虑。这些富有创意、引人入胜的提示具有坚实的临床研究基础——以辩证行为疗法、认知行为疗法、基于正念的疗法、体验疗法或神经科学为依据。

青少年可以自行使用该书,也可以将其作为心理咨询或心理治疗的辅助工具。它既适用于个体治疗,也适用于团体治疗,既能帮助普通青少年,也能帮助难以接触的青少年和不习惯传统谈话疗法的青少年。

直接提问和探索可能会让青少年感到威胁，而本书的提示则更加微妙，可以绕过他们的防御。在压力大的时候，使用本书可以打断焦虑循环，帮助他们缓解身体和情绪症状。

书中的提示旨在改变不健康的思维和呼吸模式，释放身体的紧张感，增加内啡肽的分泌，加强平静反应的神经通路，并增强焦虑青少年的自控能力。创造性的提示可以帮助青少年识别焦虑的触发因素，培养应对技巧，调节情绪，同时还能让他们在此过程中保持舒适感。

写出来

释放压力的创意手账

感觉

[美] 丽萨·M.萨伯（Lisa M. Schab）著
曹慧 译 祝卓宏 审校

好多了

机械工业出版社
CHINA MACHINE PRESS

本书针对青少年常见的焦虑和压力感受，为他们设计了一系列轻松且富有创意的互动。这些互动以坚实的心理学研究为基础，将认知行为疗法、辩证行为疗法等科学的方法以充满趣味的方式进行组织和呈现。本书设计新颖，互动性强，符合青少年的认知水平和表达喜好，可以很好地帮助青少年在书写和涂鸦的同时，掌握一些情绪调试的技巧和方法，进一步认识自我、释放焦虑情绪和压力感受，是一套广受治疗师好评的、方便易用的青少年心理自助手册。

北京市版权局著作权合同登记　图字：01-2023-5619 号。

图书在版编目（CIP）数据

写出来感觉好多了.1，释放压力的创意手账 /（美）丽萨·M.萨伯（Lisa M. Schab）著；曹慧译. -- 北京：机械工业出版社，2024.6. --（青少年情绪探索系列）.

ISBN 978-7-111-75712-2

Ⅰ. B842.6-49

中国国家版本馆CIP数据核字第2024QC2050号

机械工业出版社（北京市百万庄大街22号　邮政编码100037）

策划编辑：刘文蕾　　　　　　责任编辑：刘文蕾　陈　伟
责任校对：曹若菲　陈　越　　责任印制：任维东
北京瑞禾彩色印刷有限公司印刷
2024年8月第1版第1次印刷
145mm×210mm·6.75印张·74千字
标准书号：ISBN 978-7-111-75712-2
定价：99.00元（共2册）

电话服务　　　　　　　　　网络服务
客服电话：010-88361066　　机　工　官　网：www.cmpbook.com
　　　　　010-88379833　　机　工　官　博：weibo.com/cmp1952
　　　　　010-68326294　　金　书　网：www.golden-book.com
封底无防伪标均为盗版　　　机工教育服务网：www.cmpedu.com

带着爱和喜悦的心情，将本书献给每一位打开它的青少年！愿你能在这些内容中找到至少一个让你平和、有希望或有灵感的火花。愿你意识到你自己是多么美丽！

对本书的赞誉

从第一页开始，丽莎·M.萨伯就把情绪容易激动的人——无论处于什么年龄段，都拉进了这本别出心裁、生动活泼、意义深远的自助手册中。从结构上和视觉效果上，这本引人入胜的图书调动读者感官、身体、精神一并参与进来，同时以深入浅出的方式将情绪技能活灵活现地呈现出来。这本书形式简洁、节奏明快、引人入胜——即使是青少年也会被它吸引。可以说，它所传递的方法能改变人的一生。通过写作和创造性的表达，读者可以自然而然地借助这本书中的各种工具，揭开情绪世界的神秘面纱。我在组织青少年写作小组，这本书中的练习将会是很受欢迎的补充。

——贝丝·贾科斯，博士，《为情感平衡而写作》一书的作者

丽莎·M.萨伯以一种有趣、有创意且易于理解的方式，出色地传递了一些基于辩证行为疗法（DBT）的心理技能，帮助青少年管理自己的情绪。我很喜欢！

——谢里·范·迪杰克，社会工作专业硕士，心理治疗师，多本DBT书籍（包括《不要让情绪左右你的生活：写给青少年》）的作者

这是一本非常适合饱受情绪折磨的青少年阅读的书籍。它将手账与 DBT 技能结合在一起，对于压力承受能力低和情绪化严重的青少年来说，是一个特别有用的工具。书中有 100 个小练习，每个小练习都有其目的和意义。这些练习并不只是让读者忙碌起来，而是增强读者对自己情绪的理解，以及理解管理这些情绪的必要性……我强烈推荐这本书。

——德比·诺顿，硕士，注册临床咨询师，
执业心理治疗师

本书提供了一种让青少年把自己的感受写在纸上的创造性方法。我喜欢这本书教给我的技能，我可以在日常生活中遇到类似情况时使用。我喜欢这本书中视觉化的互动练习，因为并不是每个人都能用几个简单的词汇把自己的感受写下来。我喜欢它的幽默，我喜欢它不仅能帮助你应对问题，还能帮助你解决问题。我会推荐这本书。

——比里，伊利诺伊州芝加哥市的八年
级毕业生，2019 年秋季进入高中学习视
觉艺术

这是一本易于使用的工具书，能够帮助青少年建立内在意识，提高情商，并创造性地练习应对情绪的技能。它使 DBT 技能容易被青少年了解和掌握。本书在自由书写和给予有指导性的提示之间找到了平衡，让青少年体会到对整个过程具有掌控感的同时，学习到了可迁移的技能。

——玛丽亚·刘易斯，伊利诺伊州诺斯布鲁克市"指南针健康中心"拒学青少年项目副主任，注册社工

萨伯将正念、外化、平静接纳和突破性改变等技术巧妙地融合在这一系列练习中。作为青少年的自我指导、治疗师的指导练习或家庭作业，它都会非常有用。它是对治疗工具箱的绝佳补充！

——拉里·威尔逊，社会工作专业硕士，注册社工，威尔逊咨询公司职业顾问

专家推荐

焦虑、抑郁已经成为中国青少年常见的心理问题。很多家长、老师、学生似乎"谈虎色变"，把焦虑、抑郁情绪当作恐惧的对象，总想用药物或心理治疗消除它们。然而，这些消除、堵塞、控制的策略往往会失败，甚至适得其反。只有面对、接纳、疏导、转化这些情绪才能促进青少年的成长。这套书基于科学循证的方法，能够有效帮助青少年接纳、转化情绪，促进他们健康幸福地成长，是广大青少年心理成长的伙伴。

——中国科学院心理研究所教授 祝卓宏

作为一位专业且经验丰富的心理咨询师，本书的作者把基于心理学的情绪调节策略和工具，用一种充满画面感的方式呈现给青少年，让青少年在轻松愉快的阅读过程中学会管理和调整自己的情绪，为处于困境中的他们提供了实用的自助技巧和心理健康资源。

——北京大学心理与认知科学院研究员、

博士生导师 臧寅垠

青少年的身心处在快速发育阶段，情绪调节能力是一项重要且关键的发展任务。这套书既可作为青少年学习情绪调节的"宝典"，也可以成为记录他们与自己情绪对话的"自传"。我作为成年人和心理治疗师，也会被书中那些既有创意又有科学依据的情绪调节自助练习深深吸引。

——海德堡大学医学心理学博士、家庭治疗师　史靖宇

情绪调节能力是我们每一个人的必修课。对于处于"情感狂飙期"的青少年来说，越早学会正确地释放压力、缓解焦虑，越能从中受益，并且由此更加成熟与理性，为迈向人生新阶段做好准备。本书分享了一些忍不住想试一试的小方法，不妨用起来，看看有什么新的发现，也许你的情绪探索之旅由此展开。

——新东方家庭教育研究与指导中心副主任　应光

青春期是生命中充满活力的一段旅程，但也伴随着许多挑战。情绪的涨落让人兴奋，也让人困扰。借助这套科学有用且轻松可爱的手账，你可以与自己的情绪对话。坏情绪不仅仅是一种糟糕的体验，它还蕴藏着许多关于你自己的珍贵秘密。带着好奇心，来和情绪做朋友吧！

——暂停实验室研究员　张雷雷

伴随着长大，我们会体会到很多不同的情绪。其实，每一种情绪都有其意义，可以说，情绪是我们内心感受的"信使"。因此，我们不妨用书中好玩的方法与自己的情绪对话，看看它到底想告诉我们什么。

——IMO 国际数学奥赛满分金牌得主、
心理服务公益项目创始人　柳智宇

译者序

青少年朋友，你好呀！

这是一套帮助你疏导情绪的创意互动图书，也是一份充满亲朋好友关爱的小礼物！如果他们送给你这套书，是因为他们爱你，希望你能在面对情绪时游刃有余，能于玩乐中、探索中获得应对情绪风暴的能力。他们明白在情绪中挣扎的痛苦，所以希望能够帮助你提升与情绪相处的能力。

我们认真翻译了这套书，出版社也进行了精心设计，是因为这套书兼具科学性、趣味性和实用性，对大朋友和小朋友都完全适用，值得被更多人看见和使用。

科学性

这套书的作者是丽萨·M.萨伯（Lisa M. Schab），一位美国资深的临床心理咨询师。她出版了多本儿童与青少年心理自助图书。这套书是她基于大量青少年咨询案例设计的，融合了认知行为疗法、辩证行为疗法、体验疗法以及正念和表达性书写等技术（不用担心这些学术名词，知道这套书有科学依据就行啦），获得了众多青少年和咨询师的好评，可以有效帮助你缓解焦虑和压力。如果你想要探索自己与情绪的相处之道，选择这套书就对啦！

趣味性

整套书根据青少年阅读和书写的喜好进行设计，既没有呆板无趣的目录，也没有絮絮叨叨的大道理，更没有高高在上的专家建议。通过好玩的情境以及大量的互动，比如写一封身体给你的感谢信、创建一个能帮你减压的歌曲列表、绘制一座平和花园、给你的焦虑写一封分手信等小练习，以及适量的留白和简洁的视觉图示，从而充分调动你书写、涂鸦和玩耍的兴趣。更重要的是，这些小活动都是开放性的，没有好坏对错的标准，能帮你打开感官，切实地舒缓不良感受和情绪，打造一个只属于你自己的"安全表达基地"。请放心，它是和你站在一边的！

实用性

这套书包含两册，主题分别是"释放压力"和"缓解焦虑"。当你有强烈的消极情绪时，可以使用前一本；如果你感到焦虑或害怕，后一本可能更有针对性。每册里面包含了 100 个创意性、卷入性极强的趣味小活动，蕴藏着很多心理疏导的技巧和方法，鼓励你通过书写、涂画、想象、裁剪、粘贴等，外化自己的情绪和感受，让它们更具体、更易于掌控，从而增强你对自己情绪和感受的理解。你可以翻开其中任何一页进行探索，也可以按照顺序练习，还可以在练习之后标出行之有效的活动，然后反复尝试。

在这个过程中，永远要记得：

不需要时时评判自己的表现，按照自己的想法去做就是了。

不管出现什么样的情绪，都值得好好接纳和体验。

你是自己情绪的主人，你可以处理自己的负面情绪和感受。

当你使用这套书时，可以随时加入自己的新想法。

总之，这套书现在完全属于你，怎么使用它，你说了算！

最后，请记住：

与情绪相处是一种你可以习得的能力，练习带来进步。

祝你与情绪一起，玩得开心、相处愉快！

从这里开始

— 一个非常简短的调查 —

1. ☐ 我是机器人   ☐ 我是人类

   （请勾选适用于你的选项）。

   好吧，如果你确认自己是机器人，现在就把这本书送人吧。因为机器人是没有情绪的。

   如果你确认自己是人类，请继续阅读。因为所有人都有情绪，所有人都可以掌握一些管理情绪的技巧。

2. ☐ 我是一名十几岁的青少年——或差不多年龄。
   ☐ 我不是青少年——或离那个年龄阶段有点远。

   （请勾选适用于你的选项）。

   如果你选了第一个选项，那么，很有可能你不仅有情绪，而且通常还会伴随相当强烈的情绪波动，有些时候甚至会同时出现多种情绪。你也可能会在不同情绪之间快速切换。*

   如果你选择的是第二个选项，你仍然很有可能会发现你自己的情绪也会失控（虽然有情绪是完全正常的，但它们也可能会让人难以应对和感到惊讶）。

---

* 这是因为在青少年时期，你的身体、大脑和荷尔蒙都在经历着比你生命中的任何其他时期更多的成长和变化。这些变化会让你的情绪更强烈，有时甚至让你不知所措。

情绪入门课

1. 人类有许多不同的感受（本列表只是一个示例）。圈出你现在体验到的任何感受，用星号标出你曾经体验过的感受。

被遗弃的	狂躁的	被忽视的	害羞
愤怒	自在的	疯狂的	无聊的
恼怒	受挫	悲惨的	震惊
焦虑	高兴	忧郁	性感的
忐忑	感激	紧张	目瞪口呆的
被背叛的	愧疚	友善的	受困的
勇敢的	快乐	古怪的	忧虑
困惑	憎恨	暴怒	不舒服的
崩溃的	无助	不知所措	不稳定的
平静	受伤的	惊慌失措	不安
欣喜	歇斯底里	平和	充满活力的
被打败的	受到威胁的	雀跃	脆弱的
喜悦	被惹毛的	压力重重	美妙的
怀疑的	激发灵感的	自豪	担忧
空虚	嫉妒的	被拒绝的	
生气	紧张不安	神清气爽	或者——
兴奋	愉悦	松了一口气	
激怒的	懒散的	坐立不安	
耗竭的	孤独	悲伤	
害怕	充满爱的	恐惧	
愚蠢的	充满欲望的		

2. 尽管好心的人可能已经告诉过你，没有什么感受是错误的，或不好的，或不该感受到的（你对这些感受的应对方式可能会带来积极或消极的后果）。但是，就感受本身而言，可以说——

所有的感受
都是可以的。

（你可能需要对这
句话反复多次画线
或高亮标示）。

3. 你可以学习调节和缓解强烈情绪的方法，让它们变得更容易控制。本书就是专门为帮助你做到这一点而设计的。

关于本书的一些须知

✱ 它充满了"提示"和活动建议，可以帮助你缓解当下的强烈
情绪。

✱ **你可以用最适合自己的方式来完成它。** 因此，你可以完全按照
提示来做，也可以改变提示（例如，如果提示说"写"，而你
更想画，那你就画；如果你想表达的东西很多，但空间不够，
你可以用胶带多粘几张纸；如果没有提示你"把某页的边缘剪
成曲线"，但你想把这页的边缘剪成曲线，那就剪吧）。此外，
你可以按照这些提示的顺序来做，也可以按照你想要的任何顺
序来做。调节情绪就是要找到安全的方法让自己平静下来，所
以要以最能帮助你做到这一点的方法为准。

✱ **这里不是学校。** 这里没有分数，没有人评估你的自我表达，也
没有错误的做法。因此，不要担心你的答案看起来或听起来如
何，只要把你自己需要表达的内容写出来就可以了。

✱ 有些提示谈到了情绪脑、理智脑和智慧脑。它们分别指的是什么?

(情绪脑)是大脑中只关心感受的部分。它希望你不假思索地尖叫、大笑和哭泣,并沉浸在情绪中,以至于感觉自己快要被情绪淹没了。("我快崩溃了!")

(理智脑)则完全忽略情绪。它希望你只根据事实行动,完全忘记自己的感受。("没必要难过,继续过你的生活吧。")

(智慧脑)走的是中庸之道,认识到情绪和理智的重要性。它能帮助你同时考虑这两方面,然后就如何行动做出最明智的选择。("你当然不高兴,这没关系。花点时间来理解和表达你的感受,然后让我们一起计划如何让事情变得更好。")使用智慧脑通常是帮助自己调节情绪的最健康的方式。

✱ 有些提示会提到"正念"。 正念意味着将你的注意力集中在当下发生的任何事情上,而不去评判它(研究表明,当我们遗憾过去或担忧未来时,就很难管理好自己的情绪)。因此,正念是一个非常有用的冷静工具。

书中提到了"DBT",但它是什么意思呢?请你投票:

A．**今日圆梦**（Dream Big Today）：实现愿望的系统计划。

B．**保持真我**（Do Be True）：即将发行的西部乡村音乐主打歌。

C．**辩证行为疗法**（Dialectical Behavioral Therapy）：一种以研究
为基础的、久经考验的强烈情绪管理方法。

（正确答案是 C！但是，如果你想写下你的愿望，或者写一首乡村音乐，请随意。
写作是表达自我和情绪的好方法，所以放松自己，让笔飞扬吧……）

另一个重要说明：目的

本书的目的是帮助你缓解强烈的情绪。如果任何
提示加剧了你的情绪强度，只要注意到这一点就可以
了。然后休息一下，或者换一个提示。如果你愿意，
可以稍后再试一次，或者不试，由你决定。

你不妨试试这个

在按照提示行动之前和之后，用 1（低）到 10（高）的等级评定并记录你的情绪强度，然后比较前后的数字。这可以帮助你了解哪种练习最有助于你调节情绪。

提示所在页码	行动前的情绪强度（1-10）	行动后的情感强度（1-10）	高了？低了？	有多大变化？

你最初的想法和感受

（写下你对开始阅读这本书的任何想法或感受。）

你现在有什么感受?

悲伤

愉悦

厌恶

害怕

愤怒

爱

嫉妒

惊喜

自责 在页面上尽情释放吧。

11

给这一页涂上颜色。慢慢地深呼吸（停留在线条中⋯⋯或不停留⋯⋯）。

所有的感受，

都是可以的。

你的哪些想法让你大脑的报警器发出了 ≡红色警报≡？

_____

_____

_____

_____

现在，从下面这些让人平静的想法中任选一个（或者写出你自己的想法）来解除警报。

"我能搞定。"

_____

"时间会解决一切。"

"一切都会好起来的。"

"等我冷静下来，就不会觉得压力那么大了。"

———————————————

"其实没有想象得那么糟糕。"

"如果我换个角度看，也没那么糟。"

———————————————

♪♫ 播放一首能抚慰你的歌曲。
闲上眼睛……
聆听每一个音符……
变成音符，用音符来描绘自己……

♩ ♫ ♩ ♪ 17

如果你的情绪有具体的形状，
它会是什么样的？

请在这里画出来，把它留在这里。

你在黄昏时分徒步旅行，遇到了一位
有智慧的人，他一直在等待着给你留言。

这是一个什么样的人？
他留给你的信息是什么？

21

你的情绪有多"大声"?

分别是什么样的想法让它与下面这

些声音一样大的?

火警

重型摩托轰鸣

打鼓

犬吠

咬碎薯片

朋友说话

摇篮曲

悄悄话

羽毛飘落

做个深呼吸，调低情绪音量。

当情绪达到顶峰时，我们会觉得事情比实际更糟。

当情绪恢复平稳时，我们会看得更清楚。

从这两个视角分别讲述故事：

从你情绪的
顶峰来看

从你情绪的平原来看

描述一下你的"舒适区"。

不穿鞋?

　　穿运动服?

毛茸茸的宠物?

　　大抱枕?

戴耳机?

喝热饮?

柔软的毛毯?

还有……

现在就来告诉你自己吧!

杂乱无章的思绪会让情绪升温。
给当前的想法贴上标签，以防"沸腾"。

计划（我要……）

＊ _____

_____

_____

_____

判断（这太……我太……）

＊ _____

_____

_____

后悔（我希望我曾经……）

＊ _____

_____

_____

28

欲望（我想要……）

＊

担忧（如果……呢？）

＊

希望（有可能……）

＊

重点突出你的希望！

闭上眼睛，想象自己身处山顶，细雨霏霏，
把你的情绪从你身上洗掉。

雨水流过你的手臂，你的胸口，你的大腿，落到地面，顺着山坡，

看着你的情绪被冲走，汇入江河，流向大海。
你现在感受如何？

淌成细流，汇聚成小溪，流入江河。

31

你现在
需要别人
理解你的
哪些感受?

与你信任的人分享这些想法。

切换注意力！
你是不是极少数能做到下面这些的人之一？

1. 捏着鼻子哼哼？

   _____ 能　　 _____ 不能　　 _____ 也许能

2. 用一条腿顺时针画圈，同时用另一条腿画数字 6？

   _____ 能　　 _____ 不能　　 _____ 也许能

3. 用舌尖碰鼻子？

   _____ 能　　 _____ 不能　　 _____ 也许能

4. 自己咯吱自己？

   _____ 能　　 _____ 不能　　 _____ 也许能

5. 一边说话一边用鼻子吸气？

   _____ 能　　 _____ 不能　　 _____ 也许能

6. 扭动耳朵？

   _____ 能　　 _____ 不能　　 _____ 也许能

7. 把你自己的拳头放进自己嘴里?

　　　　_____ 能　　　_____ 不能　　　_____ 也许能

8. 只抬起一边的眉毛?

　　　　_____ 能　　　_____ 不能　　　_____ 也许能

还有?

9. _____

　　　_____

　　　　_____ 能　　　_____ 不能　　　_____ 也许能

10. _____

　　　_____

　　　　_____ 能　　　_____ 不能　　　_____ 也许能

颜色……形状……
词汇……线条……
随便填什么都行。

你曾有过的与当下感受 截然相反 的时刻：

情境 ● 地点 ● 日期 ● 时间 ● 天气

现场的人物 ● 你的想法

你的行动 ● 你的感受

做运动吧!

跑步、散步、游泳

投篮、举重

做瑜伽

打网球

打棒球

打曲棍球

踢足球

练跆拳道

练武术

滑雪、冲浪、徒步旅行、骑自行车

跳绳

玩皮划艇、独木舟

伸展

打排球

或

_____

 你身体里的情绪会发生什么变化？

你正在为自己调制舒缓情绪的饮料。
你会放些什么配料？

耐心？

积极性？

清晰的思维？

宽恕？

爱？

43

情绪医生的记录：

诊断：〈当前情绪名称〉

_____

起因：〈导致这种情况的想法〉

_____

不良因素：（会让情况变得更糟的想法）

处方：（能使情况好转的想法）

"痛苦应该被当作垫脚石，而不是栖息地。"

——艾伦·科恩

请肆意地在这一页纸上
戳些小洞吧!
让任何残留的情绪自然流出,
自由漂散。

请在这里涂上任何能让你情绪舒缓的颜色。

静静地坐着，凝视这个空间。当你温柔地吸气
和呼气时，想象这种颜色充满你的整个身体、
大脑和精神。

为你想象中可能会发生的灾难
写一个新闻标题。

然后写出实际上更有可能发生的故事。

画出或描述你的感受，
就好像它是某种……

动物

颜色

食物

音乐

自然景色

53

朋友给你发的短信正是你现在需要听到的，可以帮助你冷静下来。他们是怎么说的？

55

带着这本书去
外面走走吧。

呼吸新鲜空气，直到你强
烈的情绪慢慢安定下来。

展示一下你的旅
程地图，记录下
沿途你的情绪发
生变化的地方。

我无法改变 ＿＿＿＿＿＿＿＿＿＿＿＿＿＿
＿＿＿＿＿＿＿＿＿＿＿＿＿＿＿＿＿＿

但我可以选择想 ＿＿＿＿＿＿＿＿＿＿＿
＿＿＿＿＿＿＿＿＿＿＿＿＿＿＿＿＿＿

我无法改变 ＿＿＿＿＿＿＿＿＿＿＿＿＿＿
＿＿＿＿＿＿＿＿＿＿＿＿＿＿＿＿＿＿

但我可以选择想 ＿＿＿＿＿＿＿＿＿＿＿
＿＿＿＿＿＿＿＿＿＿＿＿＿＿＿＿＿＿

我无法改变 ＿＿＿＿＿＿＿＿＿＿＿＿＿＿
＿＿＿＿＿＿＿＿＿＿＿＿＿＿＿＿＿＿

但我可以选择想 ＿＿＿＿＿＿＿＿＿＿＿
＿＿＿＿＿＿＿＿＿＿＿＿＿＿＿＿＿＿

- - - 举个例子 - - -

我无法改变 我摔断了胳膊。

但我可以选择想 它是可以治愈的。

我无法改变 我最好的朋友要搬走了。

但我可以选择想 我们怎么能够一起过寒假。

我无法改变 _____

_____

但我可以选择想 _____

_____

我无法改变 _____

_____

但我可以选择想 _____

_____

我无法改变 _____

_____

但我可以选择想 _____

_____

我无法改变 _____

_____

但我可以选择想 _____

_____

寻找鼓舞人心和抚慰心灵的句子或想法。

把其中最棒的收藏在这里：

想象你躺在沙滩上。

情绪的波浪向你涌来，然后退去。

让它们自由地来，让它们自由地去。

那是什么感受？

表达你的
情绪

在这一页上。

将打开的
书放在
房间的
另一边。

呼吸。

会引发你情绪失控的

5个最为极端 的想法

"再也受不了了。"　　"时间不够。"　　~~"我永远也做不好。"~~

　　　　　　　　　　"没人在意。"　　"我最终会搞定的——

"他们肯定恨我。"　　　　　　　　我会休息一下，然后

　　　　　　　　　　"我应付不　　再试一次。"

　　　　　　　　了这个。"

~~"我将永远孤独。"~~

"我现在感到孤独，
但这并不意味着我会
永远孤独。"

从一种更为准
确的角度来重
写这些想法。

"实在是太艰难了。"

你在生谁的气?

(包括你自己)

姓名: _____

照片:

尝试这些表达原谅的语句：

"没关系，我知道你不是故意的。"

"没关系，我们都会犯错。"

"我不喜欢发生的事，但我原谅你。"

"是的，这是个烂摊子，但我们可以解决。"

"没关系，人无完人。"

圈出 你认为可以使用的话语。

再写一些你自己创造的表达原谅的话：

你就像一朵即将爆发的雷云，

你需要宣泄什么呢？

你现在的非理性冲动是什么？

列举一些与之完全相反的行动。

选一个去做。

圈出那些让你感觉放松的东西：

月色

摇曳的棕榈树

日落

———————————

万里无云的天空

———————————

层峦叠嶂

冰封的苔原

海洋

———————————

秋天的叶子

飘落的雪花

———————————

74

开阔的草甸

深山老林

_____

海滩

_____

日出

夏日微风

园林

_____

_____

闭上眼睛，轻柔地呼吸，描绘你最喜欢的意境。
如果你的思绪开始漫游，只需注意到这一点，并将注意力带回。
继续这个过程，直到你感到平和宁静。

我当下的痛苦：

_____

_____

_____

3 种可能的回应……

＊ 情绪脑：
　"我感觉糟透了！"

_____

_____

＊ 理智脑：
　"发生这样的事完全说得通。"

_____

_____

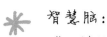

智慧脑:

"这种体验的更高意义在于……"

凉水静心……

用一捧水轻轻
拍在脸上。

用湿布
敷颈背。

把冰块含在嘴里。

用凉一些
的水冲澡。

用凉一些
的水泡脚。

让凉水慢慢
顺着手臂内
侧流下。

泡个凉水浴。

尝试其中的一种（或多种）方法并描述
你感受到的凉意。

你在某个让你
开心的地方
的照片

（在那里，你会微笑—感觉良
好—感到快乐—获得正能量。）

你上次
去那里时
发生了什么?

"我可以选择让它定义我、限制我并超越我；我也可以选择继续前进，把它留在身后。"

——佚名

把什么留下，会让你感觉良好？

撕下这张纸，把它扔到离你现在所在位置很远
的垃圾箱或垃圾桶里。离开，不要回头。

列出你现在
就可以打电
话或发信息
告诉TA你的
感受的人。

选一个，
去告知。

85

轻轻地将一只手放在心口上。

写给自己：
"＿＿＿＿＿＿＿＿＿＿＿＿＿＿＿＿＿，我会一直陪着你。
　　　　（你的名字）

我永远在意你。"

重复一次。

再来一次……

再一次⋯⋯

给你不熟悉的某个东西

拍一张照片放在这里。

（比如你一无所知的人、地方或事物。）

无论它是什么，

就你所看到的编一个小故事。

用力收紧

—和—

完全放松

（一次一个部位，每次收紧坚持6个数的时间。）

额头

下巴

脖子

肩膀

大臂

小臂

手

腹部

臀部

大腿

小腿

脚

哪个部位得到了最多的放松?

哪个部位还觉得紧绷?

哪个部位感觉真的不错?

哪个部位感觉不好?

哪个部位最为紧绷?

哪个部位是最难收紧的?

你还想把哪些部位添加到上面的列表中?

你现在正在经历的
"过山车"般的思绪：

让你平静下来的
"休闲漂浮般"的思绪：

闲上眼睛，做个深呼吸。

从过山车上下来，来到休闲漂浮*床上。让你的身心
在漂浮过程中得到放松。现在感觉如何？

---

* 休闲漂浮：完全放松地躺在泳池水面上的漂浮垫上。

你关心的人
需要你的帮助。

♥ 姓名：_____
　　需要：_____
　　你能做什么：_____
　　_____
　　_____

♥ 姓名：_____
　　需要：_____
　　你能做什么：_____
　　_____
　　_____

♥ 姓名：＿＿＿＿＿＿＿＿＿＿＿＿＿

需要：＿＿＿＿＿＿＿＿＿＿＿＿＿

你能做什么：＿＿＿＿＿＿＿＿＿＿

＿＿＿＿＿＿＿＿＿＿＿＿＿＿＿＿

＿＿＿＿＿＿＿＿＿＿＿＿＿＿＿＿

♥ 姓名：＿＿＿＿＿＿＿＿＿＿＿＿＿

需要：＿＿＿＿＿＿＿＿＿＿＿＿＿

你能做什么：＿＿＿＿＿＿＿＿＿＿

＿＿＿＿＿＿＿＿＿＿＿＿＿＿＿＿

＿＿＿＿＿＿＿＿＿＿＿＿＿＿＿＿

♥ 姓名：＿＿＿＿＿＿＿＿＿＿＿＿＿

需要：＿＿＿＿＿＿＿＿＿＿＿＿＿

你能做什么：＿＿＿＿＿＿＿＿＿＿

＿＿＿＿＿＿＿＿＿＿＿＿＿＿＿＿

＿＿＿＿＿＿＿＿＿＿＿＿＿＿＿＿

现在就联系他们。

凝视蜡烛的火焰，

追随光的舞蹈，

让呼吸更柔和，

让头脑更清醒。

有哪些想法……

感受……

行为……

……你需要燃烧掉吗？

寻找－剪开－排列－组合

粘贴－上色－配文

文字－图片－造型

在这里拼贴你的感受。

写下尽可能多的文字，尽可能……也……充分思考、计划或组织，让它自然地流淌出来。

把你的

灾难性想法

（"可能发生的坏事"）

我的期末考试可能会全部不及格。

全部

冲进下水道！

把它们中的某些或
全部抄在厕纸上。
然后把它们冲走！

102

现在她骨灰凝森凝守。

103

写一段

你 和 你的情绪

之间的对话，带着

爱 与善意。

我

情绪

我

情绪

我

情绪

我

105

你梦想中的度假是什么样的?

地点……天气……风景……

你和谁在一起……你在做什么……

闭上眼睛，想象自己置身其中。

终极分类游戏

可爱的宠物名字

1
2
3
4
5
6
7
8
9
10

冰淇淋口味

1
2
3
4
5
6
7
8
9
10

热带景区

1
2
3
4
5
6
7
8
9
10

儿童桌游

1
2
3
4
5
6
7
8
9
10

感叹词（脏话除外）

1

2

3

4

5

6

7

8

9

10

鞋子的款式

1

2

3

4

5

6

7

8

9

10

以 "s" 为拼音
首字母的地方

1

2

3

4

5

6

7

8

9

10

比萨饼配料

1

2

3

4

5

6

7

8

9

10

设置一个5分钟的计时，
看看你能写出多少？

现在
在承载你

情绪

的身体部位上
涂色吧。

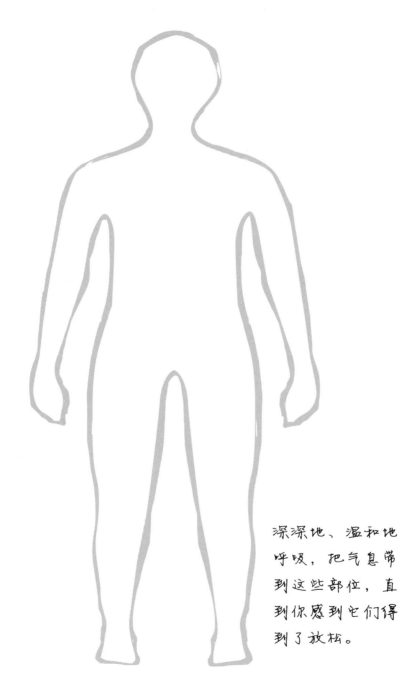

深深地、温和地
呼吸，把气息带
到这些部位，直
到你感到它们得
到了放松。

请你设计一款管理情绪的App。
在下方画出图标。

登录界面……

动画呈现……

包含项目……

特点……

声音效果……

交互方式……

情绪脑、理智脑和智慧脑坐在咖啡馆里谈论你的处境。它们分别会怎么说？

情绪脑

理智脑

智慧脑

关于

自然、精神、生命意义、

　　更强大的力量的

　　　　哪些信念会给你安慰？

你现在能怎样用这些
信念来帮助你自己？

封面

制作一张鼓舞人心的问候卡，

并把它送给自己！

"5乘5法则：如果5年后这件事会变得无关紧要，就不要花超过5分钟的时间来为之烦恼。"

——佚名

你在纠结什么?

（把它写在这里）

剪下它，扔掉它吧。

呼吸休憩法

坐在舒适的椅子上。闭上眼睛。感受你的呼吸。

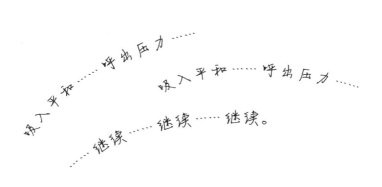

吸入平和……呼出压力……

吸入平和……呼出压力……

继续……继续……继续。

本页留空。

你的情绪是烟花。

在这里把它们画出来。

燃烧……闪耀……

微光……消失……

大脑瑜伽

创造平衡状态的想法：我在宁静和谐的中心。

_____

_____

增加灵活性的想法：不完美但已经足够好。

_____

_____

126

建立力量感的想法：我能忍受不适。

写出

更多可以

帮助你的句子

我的 50 个最爱

朋友

食物

有趣的时光

时尚

家庭

当你觉得可能会让事情变得更糟时，
你通常会怎么做？

〈 向某人发火？ 试图逃避或麻痹自己？
隔离自己？ 反复思考？ 或其他什么方式…… 〉

今天是反着来的日子

用与平常相反的方式做事，

然后讲一讲发生了什么。

正念感知这本书

当我用下巴摩蹭纸张时，触感是什么样的？

_____

_____

_____

当我用它敲击桌子时，会发出什么声音？

_____

_____

_____

内页的气味和封面一样吗？

_____

_____

_____

当我把耳朵贴在这一页时，我能听到什么吗？

_____

_____

_____

🍃 如果我撕下右上角并把它放入一杯水中，墨迹会晕染开吗？ _____

🍃 我能把这本书缠在手臂上吗？ _____

🍃 这本书中有多少种字体？

_____

_____

（我最喜欢的是：_____）

🍃 列出本书中所有的颜色：_____

_____

_____

_____

（我最喜欢的是：_____）

🍃 其他观察：_____

_____

_____

_____

_____

你有一张宁静购物中心的礼品卡。你现在想从购物中心的各家商店中得到什么帮助？

智慧言辞

感恩表达

镇静提醒

积极肯定

闪光的 ☆ 想法

_ _ _ _ _ _ _ _ _ _ _ _

_ _ _ _ _ _ _ _ _ _ _ _

« 积极意象 »

_ _ _ _ _ _ _ _ _ _ _ _

_ _ _ _ _ _ _ _ _ _ _ _

充满希望的可能性

_ _ _ _ _ _ _ _ _ _ _ _

_ _ _ _ _ _ _ _ _ _ _ _

阳光视角 ☀

_ _ _ _ _ _ _ _ _ _ _ _

_ _ _ _ _ _ _ _ _ _ _ _

选一样，作为礼物送给自己。

135

谁是你现实

生活中的

英雄？

为什么？

他们强大吗？ 聪明吗？

勇敢吗?或者……

他们会如何应对你现在感受到的强烈情绪?

〈试试看〉

用文字和图片把你
的痛苦塞进这个盒
子里。先把它留在
那里一会儿。

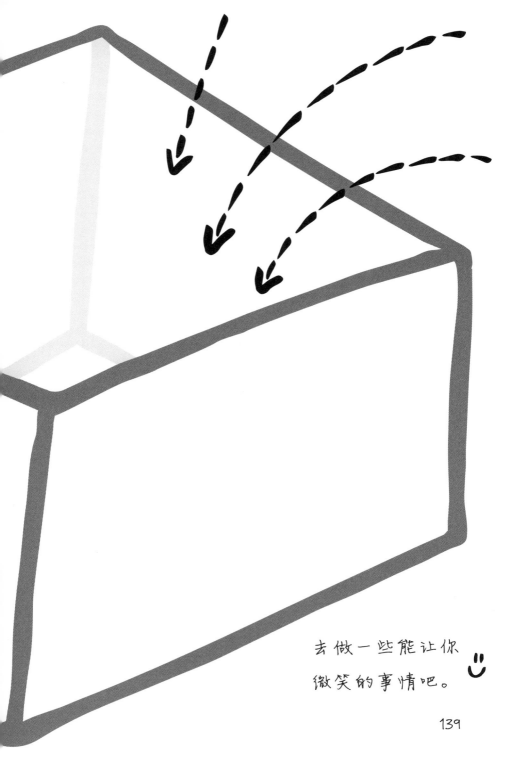

去做一些能让你
微笑的事情吧。

139

你是否沉浸在
对未来的幻想中？

你的哪些想法让你一直期待着一些
可能永远不会发生的事情？
回到当下，把幻想关上。

140

闭上眼睛

深呼吸。

想象一下……

夕阳西下

细雨霏霏

溪水潺潺

繁花盛开

星光闪烁

沙丘流转

或_____

想象一下，你可以融入它们，与之融为一体。

描述一下这是怎样的感受。

现在， 我的情绪在催促我赶紧……

不再因
冲动而行事。
我深吸一口气
……将其放过。

脱鞋

脱袜子

慢慢走过3种
不同质地的表面

146

描述你的感觉。

147

头脑风暴！

你目前的问题：

任何可能的解决方案：

现在就试试吧！

149

你的身体是由柔软宽大的网制成的。
你需要让哪些想法和情绪流出去
而不要留下来？

为这棵树画出强大而深厚的根系，让其深深地扎根于此。

在上面写下能让你立稳脚跟、稳定情绪的话语。

稳定而平衡地站立，
把重心放在双脚之间。
感受身体与大地的联结，
一直延伸到地心深处。

想象一下，困扰你的情境实际上是
电影中的一个场景。

而你扮演的是坚强、睿智的英雄。

写下导演希望你沉着、冷静、有效地处理这一切时所说的台词。

挑选一件普通物品（手机？耳环？纸杯？），并以"赤子之心"来描述它（以一个好奇宝宝的视角——好像你以前从未见过它一样）。

* 物品 *

用同样的视角描述你正在努力
解决的问题。

* 问题 *

"如果你采用反应模式，那你就是让别人控制你。如果你采用回应模式，那你就会掌握控制权。"

——博迪·桑德斯

是谁或什么激发了
你的强烈情绪?

_____

不要让身外之物主宰你的生活。
你可以选择什么不同的回应方式
来夺回你的控制权吗?

_____

_____

_____

_____

你正坐在你的大脑影院

现在屏幕上有什么想法浮现？

中的最后一排。

想象〈或绘制〉自己离开影院的情景。

会发生什么?

吸气……呼气……追踪……

厚……薄……点……虚线……不规则……
螺旋……波浪……墨水……铅笔……蜡笔……
线条……

① 1. 从情绪脑：

② 2. 从理智脑：

③ 3. 从智慧脑：

给你自己写纸条

如果需要更多空间，可在此处多贴几张纸。

画出自己轻松地走过这根紧绷的钢丝
绳的画面。在你手中握住的平衡杆上，列
出能让你保持稳定的想法。

166

为你当下的感受

创建一张身份证……

姓名、出生日期、照片、特征、籍贯、
当前居住地、签名……

换个位置，重新审视。

无论你现在在哪里，换个位置。

（带上本书哟～）

让自己去一个新地方……

做一次深呼吸……

清空大脑。

从一个新的视角

写下一些新的想法。

香薰

新鲜的薄荷

平整的草坪

洁净的衣物

香喷喷的饼干

松树的香气

古龙香水

冲泡好的咖啡

尤加利茶香

鲜花

雨后的空气

寻找一种能让你平静的气味，深深地呼吸，感受这种气味进入你的身体，从鼻子到脚趾的过程。然后用语言表达出来……

找出"冷静"的10个同义词。用每个
同义词写一些关于你自己的内容。

1.

2.

3.

4.

5.

6.

7.

8.

9.

10.

捧起一把沙子或盐粒，轻轻搓动双手，

让它们从指缝间落下，

随机地掉落在一个平整的表面上。

请在这里画出或描述
出你所看到的画面。

"情绪智能是一种让情绪为你工作，而不是与你作对的能力。"

——贾斯汀·巴里索

想象一下，在你的内心深处
有一个安全的地方。
它会是什么样的，
给你什么样的
感受？

闭上眼睛，现在就与它联系。

过去

那些引动我情绪的
关于过去的想法：

当下：
季节 …… 日期……
时间 …… 我的年龄……
我与谁在一起……
我在哪里 …… 天气如何……
我穿着什么衣服……
我正在做什么 ……

让我情绪波动的那些
关于未来的想法：

用不透明的胶带

此时此刻   未来

将所有当下并没有发生的事情遮盖起来。

✳✳✳✳ 计划你的 ✳✳✳✳✳

终极派对

（无任何限制）

✳ 来宾名单 　　　　　✳ 地点

　　　　　　　　　✳ 音乐

✳ 食物

✳ 装饰品

✳ 娱乐活动

✳ 其他

强烈的情绪会造成伤害。

你不需要更多的痛苦。

列出你可以做的10件善待自己而不是伤害自己的事情。

1 --

----

2 --

----

3 --

----

4 --

----

5 --

----

6 --

----

7 --

----

8 --

----

9 --

----

10 --

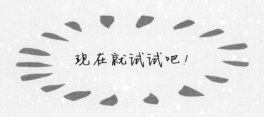

现在就试试吧!

为自己设计一个
温柔的"STOPP"标志。

Stop（停止）：
停止你正在做的事情。

Take（做）：
做一个深呼吸。

Observe（观察）：
你有什么样的（冲动）行为？
想法？ 感受？

Pause（暂停）：
再次暂停，再做一个深呼吸，然后……

Proceed（开始行动）：
开始按照智慧脑的命令行动。

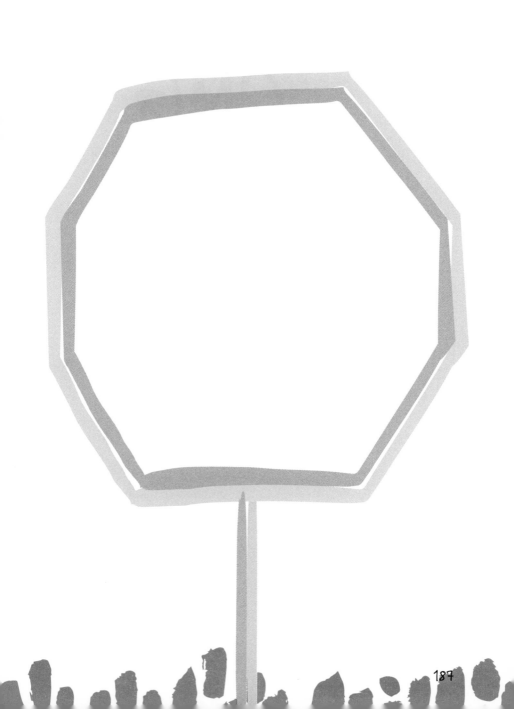

187

以 OMG
（痛苦地说 "我的天啊"）

切换到 LOL.

（开心地 "哈哈大笑"）

描述你的处境，就好像
它是一部喜剧片一样。

接下来，

有哪些值得期待的事情：

日期

事情

（如果你认为没什么值得期待的，那就创造一些事情，并讲一讲你怎样可以让它们发生。）

191

放手

你头脑中的
想法制造器
有两条传送带。
在其中一条上标上"放手",
在另一条上标上"保留"。
在你选择的传送带上
写下你当前的想法。

保留

在本页中央粘贴或绘制一张
代表平和宁静的图片或符号。

舒服地坐着，慢慢呼吸……凝视画面，
直到情绪风暴平息。

写下你一直
憋在心中的话。

然后将这一页
撕成纸屑。

接下来做什么？

完成了所有你想完成的提示后，回顾一下本书开头的情绪强度评分表。填写它，看看你能注意到什么。如果某些提示或某种类型的提示似乎更能帮助你缓解强烈的情绪，请把它们写在这里：

如果你不想填上面这个表格（或者即使你已经填写了），你也可以翻回这本书，在你喜欢的或对你帮助最大的页面上画上星星。

想一想那些你觉得最有帮助的提示

是否与以下这些方面有关：

呼吸练习

转移注意力

正念

与自己的想法工作

安抚你自己

从身体层面释放情绪

练习接纳

与情绪分离

与想法分离

使用智慧脑

放松你的身体

解决问题

其他：

_____

_____

_____

记住这一点（真的很重要）：

如果你在调节情绪方面取得了任何进展，哪怕是最微小的进展，那也是你自己的功劳（而不是给你这本书的人、写这本书的人或提示语本身）。是你的行动降低了你的情绪强度。记住这一点很重要，因为这意味着你有能力让自己冷静下来。这是一项非常强大的技能，你每时每刻都能随身携带。无论你身在何处，与谁在一起，在做什么，你都可以利用你内在的资源进行自我调节。

轻盈地走向未来。 既然你已经认识到自己的能力，接下来就是不断学习，熟能生巧。有耐心，尝试新的方法，反复调整你的流程，直到你找到最有效的方式。请放心，你的方向是正确的，最终会到达你想要到达的地方。

在此写下你自己创作的提示：

请家长、专业人士和其他照顾情绪化青少年的人注意：

本书提供了一系列专门设计的趣味互动，用于帮助青少年释放和减轻当下的强烈情绪。这些富有创意、引人入胜的提示具有坚实的临床研究基础——以辩证行为疗法、认知行为疗法、基于正念的疗法、体验疗法和神经科学为依据。

青少年可以自行使用该书，也可以将其作为心理咨询或心理治疗的辅助工具。它既适用于个体治疗，也适用于团体治疗，既能帮助普通青少年，也能帮助难以接触的青少年和不习惯传统谈话疗法的青少年。

直接询问和探索可能会让青少年感受到威胁，而书中的提示则更加微妙，可以绕过他们的防御。在情绪激烈时使用该书，可以帮助青少年打断习惯性行为循环，减少过度强烈的情绪，让青少年能够理性地对触发情绪的情境做出回应，而不是冲动反应。

这些提示旨在通过呼吸训练、转移注意力和重新聚焦、正念、转变思维模式、识别和接纳情绪以及释放身体压力等技巧，帮助青少年进行自我疏导。创造性的提示可以帮助青少年识别情绪触发因素，培养应对技巧，调节情绪，同时还能让他们在此过程中保持舒适感。